Bettina Kühn

Standortentwicklung "von unten" - Wie eigenständig ist die endogene Regionalentwicklung?

GRIN Verlag

Bibliografische Information der Deutschen Nationalbibliothek:

Die Deutsche Bibliothek verzeichnet diese Publikation in der Deutschen National-
bibliografie; detaillierte bibliografische Daten sind im Internet über http://dnb.d-
nb.de/ abrufbar.

Impressum:

Copyright © 2005 GRIN Verlag GmbH
Druck und Bindung: Books on Demand GmbH, Norderstedt Germany
ISBN: 978-3-638-67513-0

Dieses Buch bei GRIN:

http://www.grin.com/de/e-book/71291/standortentwicklung-von-unten-wie-
eigenstaendig-ist-die-endogene-regionalentwicklung

GRIN - Your knowledge has value

Der GRIN Verlag publiziert seit 1998 wissenschaftliche Arbeiten von Studenten, Hochschullehrern und anderen Akademikern als eBook und gedrucktes Buch. Die Verlagswebsite www.grin.com ist die ideale Plattform zur Veröffentlichung von Hausarbeiten, Abschlussarbeiten, wissenschaftlichen Aufsätzen, Dissertationen und Fachbüchern.

Besuchen Sie uns im Internet:

http://www.grin.com/

http://www.facebook.com/grincom

http://www.twitter.com/grin_com

Standortentwicklung „von unten"

Wie eigenständig ist die endogene Regionalentwicklung?

Hausarbeit zum Hauptseminar „Standortentwicklung"

von

Bettina Kühn

Augsburg, den 11.04.2005

Gliederung:

1. Einleitung

Das zusammenwachsende Europa ist ein „Europa der Regionen" (Buhl 2004). Für die Europäische Union als Ganzes bieten sich durch den europäischen Binnenmarkt und die Einführung des Euro zum 1.1.1999 gute Chancen global wettbewerbsfähig zu bleiben. Für einzelne Regionen allerdings ist ein spezifisches Spannungsverhältnis festzustellen: Global gleichartige ökonomische Zwänge und europaweit gleiche rechtlich-politische Rahmenbedingungen treffen auf unterschiedliche Ausgangssituationen und Potentiale in den Regionen (Mäding 1998).

Für peripher gelegene und / oder ländlich geprägte Regionen ist es schwierig, im Wettbewerb bestehen zu können, da großräumig „von oben" delegierte Strukturpolitik oftmals nicht die nötige Sensibilität für kleinräumige Lösungen der Strukturprobleme aufbringt. Dabei erfüllen ländliche Räume eine Reihe von Funktionen, die der Gesellschaft zunehmend wichtiger werden. Ländliche Entwicklungsfragen haben seit den 1980er Jahren europaweit eine Aufwertung erfahren, die sich durch intensive Förderung und Weiterentwicklung der räumlichen Politikansätze ausdrückt (Seibert 2001).

Aktuellen Anlass zur Diskussion bietet die Regionalisierung auch als Gegentrend zur Globalisierung. Die regionale Selbststeuerung gewinnt in Zeiten der starken globalen Vernetzung an Bedeutung, denn regionsspezifische Potentiale lassen sich oftmals besser durch orts- und problemnahe Planung regionaler Akteure aktivieren als durch delegierte Maßnahmen von nationaler oder globaler Stelle.

Der Gedanke einer Standortentwicklung „von unten" existiert nun seit den 1980er Jahren und hat mittlerweile einen festen Platz in der Regionalpolitik eingenommen (Heintel 1994). Anstatt Standortentwicklung „von unten" sind auch die Begriffe „eigenständige Regionalentwicklung" und „endogene Regionalentwicklung" gängig, welche in dieser Arbeit synonym verwendet werden.

Der Begriff der „Eigenständigen Regionalentwicklung" mag suggerieren, dass es sich um ein Konzept handelt, bei dem Regionen völlig ohne exogene Unterstützung, also eigenständig, ökonomisch wachsen und sich politisch organisieren. Die Praxis sieht in der Regel aber anders aus. Vielmehr ist es oftmals gar nicht möglich, endogene Potentiale ohne exogene Instrumente zu nutzen. Ein Anliegen vorliegender Arbeit ist die Frage zu klären, wie „eigenständig" endogene Regionalentwicklung tatsächlich ist.

Die Arbeit gliedert sich in drei Teile. Der erste Teil geht auf die theoretischen Grundlagen regionalen Wachstums ein, wobei der Schwerpunkt auf der Erläuterung der

1

wichtigsten, endogenen Ansätze liegt. Im zweiten Teil werden wichtige Aspekte der endogenen Regionalentwicklung vorgestellt. Der dritte Teil widmet sich der Frage, wie Eigenständig endogene Regionalentwicklung sein kann.

2. Endogene Wachstums- und Entwicklungstheorien und „New Economic Geography"

In den Wirtschaftswissenschaften wie auch in der Wirtschaftsgeographie herrscht weitestgehend Einigkeit, dass regionales Wirtschaftswachstum sowohl von internen als auch von externen Einflüssen (Wachstumsdeterminanten) abhängt (Schätzl 2003). Bei der Frage nach der Gewichtung der Wachstumsdeterminanten bestehen jedoch erhebliche Meinungsunterschiede. Deshalb existieren eine Reihe regionaler Wachstums- und Entwicklungstheorien bzw. Erklärungsansätze für räumlich differenziertes Wachstum. Die Neoklassische Wirtschaftstheorie beispielsweise erklärt unterschiedliches Wirtschaftswachstum zweier oder mehrer Regionen durch die differierte Ausprägung endogener und exogener Wachstumsdeterminanten, wobei ihre Grundhypothese besagt, „dass interregionale Unterschiede der Faktorentgelte durch Faktorwanderungen ausgeglichen werden" (Schätzl 2003, S. 136). Durch die Annahme, dass die Wanderung mobiler Produktionsfaktoren langfristig interregionale Disparitäten ausgleicht, werden folglich exogene Determinanten als entscheidend erachtet. Bei der Standortentwicklung „von unten" hingegen wird endogenen Determinanten, die entscheidende Rolle beigemessen. Es gibt bis heute keine Theorie, in der eine vollständige Integration aller Wachstumsdeterminanten gelungen ist und welche somit regionales Wirtschaftswachstum in allen Regionen zu erklären vermag.

2. 1 Determinanten regionalen Wirtschaftswachstums

Zunächst soll die Region, als entscheidende Bezugsgröße, definiert und abgegrenzt werden. „Eine Region ist ein zusammenhängender Raumausschnitt und Regionalisierungen werden meist flächendeckend [...] durchgeführt" (Bathelt / Glückler 2002, S. 44). Beispiele für Regionstypen sind Arbeitsmarktregionen oder Industrieregionen. Nach Bathelt und Glückler (2002) sind bei Abgrenzung von Regionen sind drei verschiedene Prinzipien gängig. Als erstes ist das Homogenitätsprinzip zu nennen, bei dem die gleichartige Strukturierung ausschlaggebend ist. Als Indikatoren für die Gleichartigkeit werden häufig das Pro-Kopf-Einkommen oder die Arbeitslosigkeit verwendet. Ein Beispiel für eine Regionalisierung nach dem Homogenitätsprinzip ist die Gliederung Deutschlands nach dem Pro-Kopf-Einkommen auf Bundesländerebene. Des Weiteren ist das Funktionsprinzip anzuführen, bei welchem die Abgrenzung auf der Basis interner Interaktionen und Verflechtungsbeziehungen erfolgt. In der Regel wird dabei von einem Kern ausgegangen, der wie ein Magnet wirkt und somit eine Anziehungskraft auf ein bestimmtes, umliegendes Feld besitzt z.B. ein Einkaufszentrum, dass von Kunden aus der Umgebung aufgesucht wird. Als dritte Abgrenzungsmöglichkeit sei auf das Verwaltungsprinzip hingewiesen. Dabei werden administrative Einheiten wie z.b. Länder oder Gemeinden als Regionen definiert (Bathelt/ Glückler 2002).

Wirtschaftliches Wachstum kann alternativ definiert werden. Zum einen als Zunahme des realen Sozialprodukts und zum anderen als Zunahme des realen Sozialproduktes pro Kopf der Bevölkerung (Schätzl 2003).

Abbildung 1 verdeutlicht für ein Zwei-Regionen-Modell welche Determinanten das regionale Wirtschaftswachstum bestimmen.

Abb. 1: Determinanten des regionalen Wirtschaftswachstums

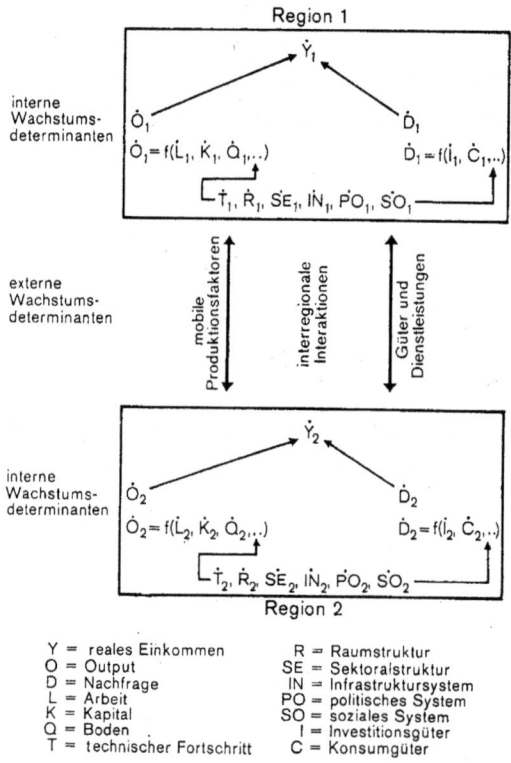

Y = reales Einkommen
O = Output
D = Nachfrage
L = Arbeit
K = Kapital
Q = Boden
T = technischer Fortschritt

R = Raumstruktur
SE = Sektoralstruktur
IN = Infrastruktursystem
PO = politisches System
SO = soziales System
I = Investitionsgüter
C = Konsumgüter

Quelle: Schätzl 2003, S. 103

Das Wachstum einer Region wird durch interne und externe Wachstumsdeterminan-
ten beeinflusst. Zur Erläuterung der internen Wachstumsdeterminanten sei die Regi-
on zunächst als geschlossenes System betrachtet. Das reale Einkommen Y einer
Region wird durch das vorhandene Produktionspotential O und die reale Nachfrage
D bestimmt. Für ein regionales Wirtschaftswachstum ist folglich eine Erhöhung des
Produktionspotentials und/oder der realen Nachfrage nötig. Das Produktionspotential
O wird von den regional vorhandenen Produktionsfaktoren Arbeit L, Kapital K und
Boden Q bestimmt. Die reale Nachfrage hängt von der Nachfrage an Konsumgütern
C und Investitionsgütern I von öffentlicher sowie privater Seite ab. Hinzu kommen
sowohl für die Angebotsseite als auch für die Nachfrageseite eine Reihe weiterer
Einflussfaktoren. Dazu zählen technischer Fortschritt T, Raumstruktur R, Sektoral-

struktur SE, Infrastruktursystem IN, politisches System PO, soziales System SO und Veränderungen der Faktoren im Laufe der Zeit. In der Regel ist eine Region aber kein geschlossenes System, sondern interagiert mit anderen Regionen. Deshalb beeinflussen des Weiteren externe Wachstumsdeterminanten das regionale Wirtschaftswachstum, vor allem durch interregionale Wanderung von Produktionsfaktoren und interregionale Güter- und Dienstleistungsbewegungen (Schätzl 2003).

2.2 Theorien der endogenen Entwicklung

Mitte der 1980er Jahre entstanden die Theorien der endogenen Entwicklung (wobei es sich dabei um eine Reihe einzelner, induktiv gewonnener Ansätze handelt, und um keine umfassende Theorie). Sie besagen, „dass die sozioökonomische Entwicklung einer Region vom Ausmaß und der Nutzung der intraregional vorhandenen Potentiale abhängt" (Schätzl 2003, S. 155). Es soll daher das endogene Entwicklungspotential einer Region aktiviert werden anstatt auf exogene Wachstumsimpulse zu setzen. Das endogene Entwicklungspotential lässt sich „als die Gesamtheit der Entwicklungsmöglichkeiten einer Region im zeitlich und räumlich abgegrenzten Wirkungsbereich" (Schätzl 2003, S. 155) definieren. Um das regionale Entwicklungspotential einer Region zu messen, gibt es die Möglichkeit sich an dem vorhandenen Potential an Inputfaktoren zu orientieren. Hierfür müssen die in einer Region vorhandenen Potentialfaktoren mengen- und / oder qualitätsmäßig erfasst werden. Der Katalog an Teilpotentialen umfasst Kapital-, Arbeitskräfte-, Infrastruktur-, Flächen-, Umwelt-, Markt-, Entscheidungs- sowie soziokulturelles Potential (Schätzl 2003). Des Weiteren ist das regionale „Innovationspotential" zu nennen, das alle Faktoren umfasst, „die die Innovationsleistung einer Region fördern oder hemmen" (Sternberg 2003, S. 6). Fraglich ist, inwieweit die einzelnen Faktoren messbar (Indikatoren) und interregional vergleichbar. Beispielsweise trifft das für das soziokulturelle Potential zu. Bei vorausgesetzt gleicher Museumsdichte (als möglicher Indikator für soziokulturelles Potential) zweier Regionen ist eine Bemessung des Potentials aufgrund qualitativer Unterschiede kaum möglich.

Nach Schätzl (2003) sind bei der Aktivierung regionaler Potentiale drei Aspekte besonders wichtig:

- Überwindung bestehender Engpässe (Investition in defizitäre Potentialfaktoren)

- Nutzung regionsspezifischer Kompetenzen (Ermittlung regionaler Fähigkeiten und Begabungen, bei denen absolute oder relative Standortvorteile gegenüber anderen Regionen bestehen)
- Initiierung intraregionaler Netzwerke (Vernetzung ökonomischer, soziokultureller und ökologischer Aktivitäten einer Region)

Jedoch besteht bei der Förderung ausschließlich regionsspezifischer Standortvorteile die Gefahr, dass langfristig monostrukturierte Regionen entstehen, die besonders sensibel auf globale und überregionale Entwicklungen reagieren (Sternberg 2003).

2.3 Ansatz der neuen endogenen (regionalen) Wachstumstheorie (NERW)

In den 1990er wurden die Ansätze einer neuen - später auch regional ausgelegten - Wachstumstheorie entwickelt, die ebenfalls endogene Potentiale als entscheidende Determinanten des regionalen Wirtschaftswachstums sieht, sich jedoch in der Argumentation grundlegend von dem Konzept endogener Entwicklungspotentiale unterscheidet (Sternberg 2003). Die Problemstellung bei der Entstehung dieser Theorie war es, einerseits die Wachstumsdeterminante „Technischer Fortschritt" als endogene Größe zu berücksichtigen, da es empirisch belegt ist, „dass dieser Produktionsfaktor insbesondere in allen hochentwickelten Industriestaaten einen ständig größeren Beitrag zum volkswirtschaftlichen Wachstum leistet" (Sternberg 2001, S. 160). Andererseits bestand Erklärungsbedarf für zunehmend geringere Wachstumsraten in rückständigen Regionen - entgegen der von der neoklassischen Wachstumstheorie angekündigten konvergenten wirtschaftlichen Raumentwicklung - was auf die Bildung nationaler und regionaler Wachstumscluster zurückzuführen ist (Sternberg 2001). „Die NERW will das langfristige regionale Wachstum sowie die Konvergenz und Divergenz regionaler Wachstumsraten erklären" (Sternberg 2003, S. 7).

Die NERW basiert unter anderem auf dem Innovationsmodell von Romer (1990), welcher die Bedeutung des technischen Fortschritts für das Wirtschaftswachstum endogen erklärt. Die ausschlaggebenden Faktoren sind Humankapital und Wissen, weil sie die Basis für Innovationen bilden. „Humankapital stellt die in Personen gebundenen Kenntnisse und Fähigkeiten dar" (Schätzl 2003, S. 203), welche sich nur durch den Einsatz der Person in Arbeitsprozessen nutzen lassen.

Bei Wissen dagegen handelt es sich um Kenntnisse, die nicht an Personen gebunden sind und die z.B. aus Publikationen oder Datenbanken von verschiedenen Personen gleichzeitig genutzt werden können und auch Wirtschaftssubjekten zur Verfügung stehen, die nicht an der Wissenserstellung beteiligt waren.

Entscheidend für die Regionalentwicklung ist, dass komplexe Zusammenhänge zwischen dem regionalen Humankapital, Wissen und regionalen Wachstumsprozessen bestehen. Durch Investitionen in die Faktoren Wissen und Humankapital entstehen somit raumwirksame Effekte, die regionales Wirtschaftswachstum nicht garantieren, aber als Voraussetzung dafür unverzichtbar sind (Schätzl 2003).

Die NERW sieht die Ursachen für die Divergenz oder Konvergenz regionaler Entwicklung insbesondere in der interregionalen Mobilität neuen Wissens. Unausgeglichene Raumentwicklung wird vor allem durch branchenübergreifende Lerneffekte infolge von Lerning-by-doing, branchenspezifische Lernkurveneffekte sowie distanzabhängige Transaktionskosten im interregionalen Zwischenproduktehandel erklärt. Die Frage nach Ursachen für konvergente Raumentwicklung hingegen wird insbesondere mit kostensparenden Imitationen, interregionalen staatlichen Transfers, Ballungsnachteilen und durch zunehmende Geschwindigkeit der interregionalen Wissensdiffusion beantwortet.

Abschließend ist festzuhalten, dass die NERW zwar die Frage nach divergenter oder konvergenter Raumentwicklung letztendlich nicht beantworten kann, jedoch weitgehende Einigkeit darüber herrscht, dass interregional unterschiedliche Wachstumsraten, welche insbesondere mit der Generierung von neuem Wissen zusammenhängen, mehr durch regionsinterne Faktoren bestimmt werden als durch regionsexterne (Sternberg 2003).

2.4 Konzept der regionalen Innovations-Milieus und Netzwerke

Die Innovationsfähigkeit einer Region, das bedeutet die Fähigkeit zur stetigen Erneuerung von Technologien, Produkten und Organisationsformen, zählt als entscheidender Faktor für den Erfolg vieler Aufsteigerregionen. Primär ist mit Innovationsfähigkeit gemeint, dass die lokalen Wirtschaftsakteure die Wettbewerbsfähigkeit vorhandener Wirtschaftszweige durch innovative Aktivitäten erhalten und stärken. In einigen Konzepten der Regionalforschung wird „Innovation als kollektiver Prozess gefasst, der aus dem Zusammenwirken vieler Unternehmen und anderer Akteure in einem regionalwirtschaftlichen „Milieu" hervorgeht, das Informationsaustausch und wechselseitiges Lernen befördert" (Krätke 1997, S. 109). Ein innovatives Milieu lässt sich als „ein komplexes territoriales System von formalen und informellen Netzwer-

7

ken, die wechselseitig wirtschaftliche und technologische Abhängigkeiten aufweisen und fähig sind, synergetische und innovative Prozesse zu initiieren" (Schätzl 2003, S. 233) definieren. Dabei entwickelt sich praktisches und technologisches Wissen aus den Kenntnissen, Ideen und Praktiken der vernetzten Unternehmen und wird meist in Form von einzelnen Verbesserungsvorschlägen generiert, anstatt durch Erfindungen organisierter Forschungs- und Entwicklungsabteilungen. So gesehen ist technologisches Wissen nicht überall gleich verfügbar, da Regionen quasi ein Milieu kreieren, welches die Entstehung von Innovationen fördert (Krätke 1997). Die gemeinschaftliche Lernfähigkeit ist, insbesondere für kleinere und mittlere Unternehmen, wichtige Voraussetzung für ihre Innovationsfähigkeit und Wettbewerbsfähigkeit. Laut dem Konzept der regionalen Innovations-Milieus ist der Zusammenhang zwischen Innovationsfähigkeit und regionalwirtschaftlichem Milieu von zentraler Bedeutung und der wirtschaftliche Erfolg einer Region wird maßgeblich von der Qualität des regionsinternen Beziehungsgeflechtes bestimmt. „Die Region wird hier nicht als passiver räumlicher „Behälter" von Ressourcen und Unternehmen, sondern als relationaler Raum betrachtet, d.h. als sozialökonomisches Interaktionsfeld von begrenzter geographischer Ausdehnung" (Krätke 1997, S. 110). Das Beziehungsgeflecht regionaler Produktions-Milieus setzt sich aus verschiedenen wirtschaftlichen und kulturellen Akteuren zusammen, welche durch Informationsaustausch, Transaktionen und Lieferverflechtungen sowie formelle und informelle Zusammenarbeit vernetzt sind. Dabei kommt es häufig zu einer Überlagerung von formellen und informellen Kommunikationsstrukturen, wobei an dieser Stelle darauf hingewiesen sei, dass auch gerade die informellen Kommunikationsbeziehungen äußerst wichtig sind (Krätke 1997).

Abbildung 2 gibt einen Einblick, welche verschiedenen Formen das Beziehungsgeflecht wirtschaftlicher und gesellschaftlicher Akteure annehmen kann, indem sie die Basistypen regionaler Produktions-Milieus vorstellt.

Abb. 2. Basis-Typen regionaler Produktions-Milieus

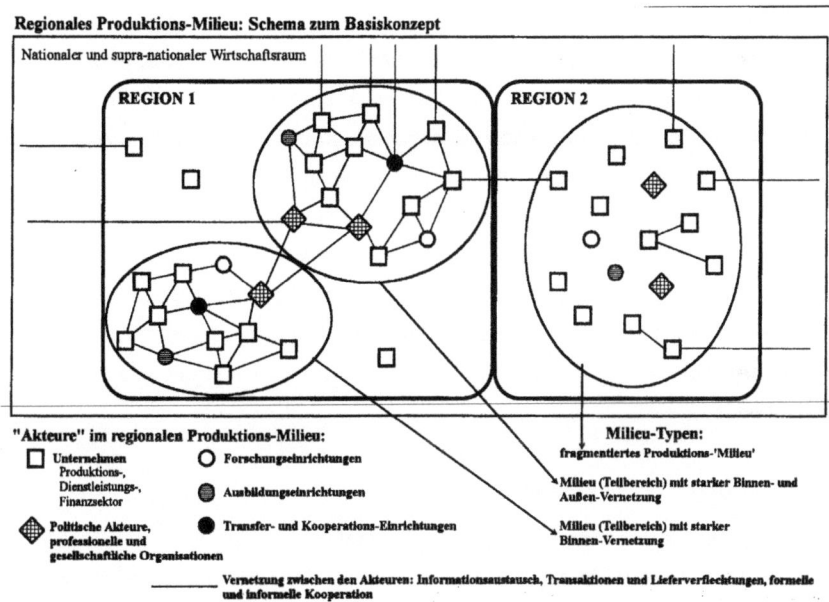

Regionales Produktions-Milieu: Schema zum Basiskonzept

Quelle: Krätke 1997, S. 112

Es gibt Regionen mit einem schwach ausgeprägten bzw. kaum vorhandenen Beziehungsgeflecht zwischen den wirtschaftlichen und gesellschaftlichen Akteuren (Region 2). In diesem Fall wird von einem fragmentierten Produktions-Milieu gesprochen. Das Gegenteil stellen regionale Produktions-Milieus dar, die durch starke Vernetzung gekennzeichnet sind (Region 1). Bei Letzteren ist noch zu unterscheiden, ob das regionale Produktions-Milieu auch nach außen hin vernetzt ist und somit, neben einer regionsinternen Ausbreitung von Innovationen, ebenfalls von der Aufnahme externer Impulse auszugehen ist (Krätke 1997).

Das wirtschaftliche Milieu einer Region ist nicht im Sinne von etwas „Vorhandenem" oder „nicht Vorhandenem" zu sehen, sondern es kann auch das Resultat langfristiger positiver Erfahrungen der lokalen Akteure mit praktischen Kooperationsformen sein. Beispielsweise gibt es in Europa Regionen die sich am Beispiel des Dritten Italien orientieren, in welchem die Vernetzung aktiv gefördert wird und Vernetzungs-Makler zur Unterstützung eingesetzt werden (Krätke 1997).

Kritisch anzumerken bei diesem Konzept ist, dass meist nur ein Ausschnitt regionaler Beziehungsnetze, nämlich Innovations-Netzwerke, Betrachtungsgegenstand sind. Die Tatsache, dass es auch hemmende regionale Milieus gibt, wird nur selten berücksichtigt. Ein dichtes Beziehungsgeflecht zwischen regionalen Akteuren, kann die Erneuerungsfähigkeit einer regionalen Ökonomie auch hemmen, falls ihre Entwicklung in einem zu starren Netzwerk eingeschlossen bleibt und möglicherweise eine Abschottung gegenüber externen Impulsen gegeben ist. „Darüber hinaus können enge Kooperationsbeziehungen zwischen den Unternehmen und dem regionalen politisch-administrativen System zu einer regionalen Verfilzung zwischen den Akteuren führen, die ihre Aktivitäten auf die Reproduktion der gegebenen Strukturen des regionalen Komplexes richten und dabei Initiativen zur Reorganisation des regionalen Industriesektors und zur politisch-institutionellen Innovation obstruieren" (Krätke 1997, S. 116).

2.5 Konzept der Lernenden Regionen

Bei dem Konzept der lernenden Regionen handelt es sich um einen wissensbasierten Ansatz, der die Bedeutung von Lernprozessen für die Entstehung von Wissen hervorhebt. „In lernenden Regionen entstehen durch die räumliche Bindung des Wissens kontinuierliche Lernprozesse zwischen den regionalen Akteuren, die - abhängig von der Art und Geschwindigkeit der Wissensdiffusion – die regionale Wissensbasis permanent erhöhen und verändern" (Schätzl 2003, S. 234). Die Institutionen der lernenden Region z.B. Unternehmen, Schulen, Hochschulen, Behörden, Industrie- und Handelskammern, Gewerkschaften und soziokulturelle Einrichtungen, sind vernetzt und kooperieren miteinander (Schätzl 2003).

Ein wichtiges Ziel der lernenden Region, als Instrument für regionales Wissensmanagement, ist es einen Einstellungswandel bezüglich des Lernens herbeizuführen, der eine neue Lernkultur mit dem Leitziel „lebenslanges Lernen" einführt. Das Bundesministerium für Bildung und Forschung hat mit dem Programm „Lernende Regionen – Förderung von Netzwerken" im Zeitraum von 2000 bis 2004 ein deutliches bildungspolitisches Zeichen gesetzt. Das vorher hauptsächlich in der Fachwelt diskutierte Konzept der lernenden Regionen wurde erstmals auf eine praktische Ebene heruntergebrochen. Außerdem macht es die Beständigkeit der bildungspolitischen Maxime vom „Lebenslangen Lernen" deutlich (Klemm 2001).

Die politische Diskussion um lernende Regionen kursiert vor allem um die Frage, wie aus einer Region ein lernendes System werden kann und zu einer neuen Form gemeinschaftlichen Lernens führt. „Die lernende Region wird als ein Regelungsinstrument verstanden, durch das die Aus- und Weiterbildung in eine innovationsorientierte regionale Strukturentwicklung integriert wird" (Klemm 2001, S. 30). Systematisch betrachtet wird die Vorstellung von Bildungsarbeit in einer lernenden Region von drei Konzepten geprägt.

Erstens ist das Konzept der Eigenständigen Regionalentwicklung zu nennen. Die Vorstellungen der Eigenständigen Regionalentwicklung werden im Zusammenhang mit der Lernenden Region weiterentwickelt, indem der Schwerpunkt auf „Wissen", als entscheidende Quelle regionaler Veränderungen, gelegt wird.

Zweitens ist das Konzept des lebenslangen Lernens prägend für die Idee lernender Regionen. Es geht dabei um eine neue Lernkultur, in der keine klassischen Bildungszeiten und –orte existieren, die Bildungslandschaft vernetzt ist und institutionalisiertes sowie informelles Lernen möglich ist. Dadurch wird die herkömmliche Trennung von Erstausbildung und Weiterbildung sowie von Schule und Beruf überwunden.

Die dritte Säule in der Systematik der lernenden Region ist das Konzept der Lernenden Organisation, hinter der die Idee von systematischem Denken und einer Abkehr von Top-Down-Führungsstilen steckt (Klemm 2001).

Um das Konzept der lernenden Region erfolgreich umzusetzen ist in der Regel neben der Fähigkeit und Bereitschaft der regionalen Akteure, Lernprozesse in Gang zu setzen, auch eine intensive Förderung von außen nötig. Bezug nehmend auf das bereits genannte Programm des Bundesministeriums für Bildung und Forschung wurde beispielsweise ein Finanzvolumen von insgesamt 138 Millionen DM zur Verfügung gestellt. Die Finanzierung, als exogenes Instrument, wird meist benötigt um das endogene Potential zu aktivieren, womit der Eigenständigkeit dieses Konzeptes Grenzen gesetzt sind.

Um den Unterschied zu dem Erklärungsansatz der innovativen Milieus deutlich zu manchen, sei an dieser Stelle erwähnt, dass es sich bei dem Konzept der lernenden Regionen meist um ein Entwicklungsleitbild handelt, welches bereits konkrete Maßnahmen, vor allem im Bereich der Aus- und Weiterbildung, beinhaltet. Der Ansatz der innovativen Milieus schreibt auch darüber hinaus gehenden Strukturen und Prozessen der Netzwerkbeziehungen einer Region Bedeutung für die regionale Entwicklung zu (Rösch 1998)

3. Endogene Regionalentwicklung

Es soll nun auf die wichtigsten Aspekte der endogenen Regionalentwicklung einge-gangen werden. Hierzu werden nach einem kurzen historischen Abriss der Phasen der Regionalentwicklung, Ideen, Ziele, Aufgaben und Methoden endogener Entwick-lungsstrategien vorgestellt. Des Weiteren werden Probleme und Schwächen endo-gener Regionalentwicklung angeführt. Schließlich wird auf endogene und exogene Aspekte in der Regionalentwicklung eingegangen, was für die Diskussion der arbeits-leitenden Frage nach der „Eigenständigkeit" der endogenen Regionalentwicklung wichtig ist.

3.1 Historischer Abriss der Phasen der Regionalentwicklung

Es sind vier Phasen zu unterscheiden, wie sich die Strategien regionalpolitischen Handelns nach dem Zweiten Weltkrieg entwickelt haben, wobei darauf hingewiesen sei, dass zeitliche Verschiebungen und auch Überlappungen der Strategien je nach Land und Region möglich sind.

In der ersten Phase, welche bis Mitte der 1960er Jahre andauerte, ging es vornehm-lich um den Infrastrukturausbau. Die Förderung wirtschaftsschwacher Regionen durch Ausbau der Infrastruktur wurde von den Zentren aus betrieben. Entscheidend für den wirtschaftlichen Aufschwung der 1960er Jahre war dabei der Ausbau des öffentlichen Verkehrswesens und die Abdeckung des Energiebedarfs.

Daran knüpfte die zweite Phase der Industrieförderung an, deren Ziel es war, vor allem in strukturschwachen Räumen die Export-Basis zu stärken und ausländische Industrie anzusiedeln, um mehr Wohlstand für die Region zu erreichen. Diese Phase ist von Mitte der 1960er bis Mitte der 1970er Jahre einzuordnen.

In der dritten Phase der sog. Ausgleichspolitik, welche von Mitte der 1970er bis An-fang der 80er Jahre andauerte, fand bereits ein strategischer Wandel regionalöko-nomischen Handelns statt. Es wurde versucht, stabilisierend zu handeln, sodass mit bestehender Infrastruktur gewirtschaftet wird. Es wurde lediglich sog „Bestandspfle-ge" betrieben.

In den 1980er Jahren schließlich begann die vierte Phase, in der die endogene Regionalentwicklung Einzug in die Regionalpolitik erhielt. Es zeichnete sich, sowohl auf Seiten der Betroffenen in der jeweiligen Region selbst, als auch auf Seiten der Politiker, das Bedürfnis nach einem strukturellen Wandel ab, da die traditionellen Maßnahmen der Regionalpolitik nicht mehr ausreichten, um in Zeiten schwachen Wirtschaftswachstums, einen Ausgleich regionaler Disparitäten herzustellen. Es wurde nun versucht endogene Entwicklungspotentiale zu nutzen um strukturschwache Regionen zu stärken (Heintel 1994).

3.2 Die Idee der eigenständigen Regionalentwicklung

In der Praxis kam die Idee der eigenständigen Regionalentwicklung in Form einer Provinzialbewegung auf, deren Anfänge in Österreich lagen und Mitte der 1970er Jahre erstmals Anwendung fanden. In den 1980er Jahren kam auch in Deutschland der Gedanke einer eigenständigen Regionalentwicklung auf. In Hessen wurde 1985 der Verein zur Förderung der eigenständigen Regionalentwicklung gegründet und kurz darauf entwickelten weitere Bundesländer ähnliche Initiativen. Die eigenständige Regionalentwicklung zeigte damals erstmals eine neue Sensibilität für den ländlichen Raum mit der Intention, eine überlebensfähige ländliche Kultur- und Wirtschaftsregion zu schaffen (Buhl 2004).

Die Grundidee der endogenen Regionalentwicklung ist Hilfe durch Selbsthilfe. Die regionalen Akteure sollten selber aktiv werden, um ihre Probleme zu lösen und vorhandene Asymmetrien zwischen Zentrum und Peripherie auszugleichen. Eine oft gestellte Kernfrage bei der endogenen Regionalentwicklung ist, wie sich regionale Akteure aktivieren lassen. Wichtig dabei ist Selbststeuerungspotentiale zu aktivieren d.h. die regionalen Akteure müssen sowohl in der Lage als auch gewillt sein, selber aktiv an der Entwicklung ihrer Region zu arbeiten (Heintel 1994).

Es wird eine Abkopplung der peripheren Region angestrebt, da Ungleichheiten nicht durch Austausch mit den Zentren oder deren Kopie behoben werden können, sondern durch die Stärkung der eigenen Struktur. Die Abkopplung soll jedoch mäßig erfolgen und nicht zu einer isolierten Region führen (Heintel 1994).

Idealerweise sollte die Peripherie der Kern eigenständiger Impulse sein, womit ihre Eigenständigkeit erhöht und ihre Außenabhängigkeit verringert werden soll. Die Peripherie sollte dabei nicht isoliert sein, sondern sowohl horizontal (z.B. interkommunale Kooperation) wie vertikal (z.B. Akzeptanz und Unterstützung höherer Planungsebenen) vernetzt. Frühere Ideen, dass sich periphere Regionen völlig abgekapselt entwickeln können, mussten der realistischeren Vorstellung weichen, dass komplett selbständige Entwicklung oftmals nicht möglich ist.

Da die Problemstellungen in peripheren Regionen häufig ähnlich gelagert sind, sollten diese interagieren, um die Chance zu nutzen, voneinander bzw. miteinander zu lernen (Heintel 1994).

Ziel der endogenen Regionalentwicklung ist eine selbstbestimmte, ganzheitliche Entwicklung der Regionen, die auf der Aktivierung endogener Potentiale basiert. Zum endogenen Potential zählen wirtschaftliche, soziokulturelle und natürliche Ressourcen sowie menschliche Fähigkeiten (Mühlinghaus 2002).

Die Handlungsfelder endogener Regionalentwicklung liegen sowohl in wirtschaftlichen, als auch in außerwirtschaftlichen Bereichen.

Wirtschaft

Zur Stärkung der regionalen Wirtschaft werden beispielsweise der Aufbau regionaler Wirtschaftskreisläufe und der gezielte Export hochwertiger Produkte angestrebt. Des Weiteren ist die Sicherung und Stärkung der regionalen Ökonomie und die Mobilisierung regionsinterner Potentiale durch Innovationsförderung, Stimulierung von Existenzgründungen und Beschäftigungsinitiativen zu nennen.

Insbesondere haben sich wissensintensive Dienstleistungen als regionale Innovationssysteme als wichtig erwiesen. Die umfassenden Tertiärisierungsprozesse in der zweiten Hälfte des 20. Jahrhunderts haben zu einem wirtschaftlichen Strukturwandel geführt. In der Wirtschaftspolitik wird heute zunehmend auf wissensintensive Dienstleistungen gesetzt, da sie hohe Potentiale für Beschäftigung und Wertschöpfung besitzen und damit wichtige Träger des sektoralen Strukturwandels sind. Durch ihre hohe Produktivität stellen sie einen zentralen Wettbewerbsvorteil im globalen Standortwettbewerb dar. Auf „Wissen" als wichtiger Produktionsfaktor wurde bereits im Theorieteil eingegangen. Es sei an dieser Stelle nochmals erwähnt, dass ihm zur Generierung von Innovationen eine zentrale Bedeutung zukommt. Der regionale Bestand an einschlägigen Branchen kann daher eine Erklärung liefern, warum bestimmte wirtschaftlich dynamische Regionen gegenüber anderen Regionen, über Vorteile bei der Innovationsfähigkeit verfügen. Regionen, die es nicht schaffen ihre Produktionsstruktur in angemessener Weise Richtung wissensbasierter Produkte zu entwi-

ckeln, laufen daher Gefahr, in Zukunft verstärkt Wachstums- und Beschäftigungs-
problemen gegenüberzustehen (Haas / Lindemann 2003).

Politik

In politischer Hinsicht strebt eigenständige Regionalentwicklung eine Dezentralisie-
rung von Macht an d.h. die Verlagerung von mehr Entscheidungskompetenz auf die
Ebene der Region. Des Weiteren soll die Bevölkerung an politischen Prozessen beteiligt werden.

Soziokultur

Im soziokulturellen Bereich geht es um die Förderung regionaler Identität und Kultur.
Regionale Identität hat viel mit sozialer Vertrautheit, historischen Traditionen, Kultur,
dem Verbundenheitsgefühl der einzelnen Bewohner mit der Region und einer größeren Identifikation der Bevölkerung mit regionsspezifischen Zielen und Problemen zu
tun. Das Konzept der endogenen Potentiale impliziert regionale Identität als Ergebnis
einer kulturellen, sozialen und wirtschaftlichen Entwicklung. Einerseits sollen Regionen als Wirtschaftsstandort attraktiver werden, andererseits sollen sich die Bürger
verstärkt mit ihrer Region identifizieren und ein starkes Wir-Gefühl entwickeln. Folglich eignen sich regionale Identitäten sowohl als motivatorische Grundlage wie als
Gestaltungsansatz für die endogene Regionalentwicklung.

Es ist jedoch kritisch anzumerken, dass eine zu starke Identifikation der Bürger mit
ihrer Region auch hemmend gegenüber nötiger Veränderungen wirken kann (Buhl
2004).

Umwelt

Hinsichtlich der Umwelt sollten die Handlungsansätze vermehrt an die natürlichen
Standortbedingungen angepasst werden und soweit möglich und sinnvoll auf regionale natürliche Ressourcen (z. B. Nutzung von Wasserkraft) zurückgreifen.

3. 3 Methoden der endogenen Regionalentwicklung

Um einen Eindruck zu vermitteln, wie endogene Entwicklungsstrategien praktisch umgesetzt werden können, erscheint es sinnvoll das Methodenspektrum vorzustellen. Abbildung 3 zeigt eine Auswahl von Methoden, die in der Praxis häufig Anwendung finden.

Abb. 3: Methoden der endogenen Regionalentwicklung

Erwachsenen-
bildung/
Qualifizierung

Leitbildent-
wicklung

Kommuni-
kation

Methoden der
endogenen
Regionalentwicklung

Bürger-
Initiative

Netzwerk-
management

...

Marketing

REGIONALES MANAGEMENT

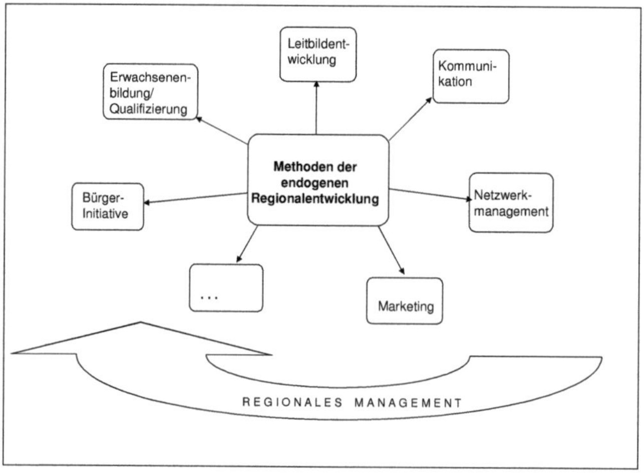

Quelle: Eigene Darstellung

- Leitbilder stellen grundlegende gesellschaftliche Vereinbarungen dar und können in diesem komplexen Gefüge auch für das gesellschaftspolitische und wirtschaftliche Handeln von Kommunen bestimmend sein. In der räumlichen Planungspraxis sucht man vergeblich nach einer einheitlichen Definition oder gesetzlichen Regelung. Im Handwörterbuch der Raumordnung definiert Lendi (1995) das Leitbild "als zukünftigen Zustand, der durch zweckmäßiges Handeln und Verhalten erreicht werden soll." Gegner der Leitbildentwicklung kritisieren häufig, dass Leitbilder meist nur "Selbstverständlichkeiten" (Mandelartz et al. 1997, S. 13) enthalten, für die ein zeitaufwendiger Entwicklungsprozess übertrieben sei. Entgegen spricht, dass das Dokumentieren von Zielen eine gewisse Verbindlichkeit der Gemeinde nach innen und außen darstellt und damit die Profilierung der Gemeinde fixiert wird.

16

- Durch Erwachsenenbildung bzw. berufliche und persönliche Qualifizierung soll der regionsspezifische Bedarf an Wissenserweiterung gedeckt werden. Erwachsenenbildung ist gerade für ländliche Räume ein wichtiges Thema, beispielsweise um den Anschluss an moderne Informations- und Kommunikationsmedien wie das Internet nicht zu verpassen. Qualifizierung bezieht sich insbesondere auf die berufliche Aus- und Weiterbildung, welche auf den Bedarf des Arbeitsmarktes der Region abgestimmt sein soll.

- Bürgerschaftliches Engagement ist ein weiterer Aspekt bei der eigenständigen Regionalentwicklung. Die aktive Mitwirkung der Bürger ist z. B. bei der Erstellung eines Leitbildes unverzichtbar. Die Begriffe "Partizipation", "Bürgerbeteiligung" oder "bürgerschaftliches Engagement" werden in der Fachliteratur nicht identisch abgegrenzt. Im Rahmen der endogenen Regionalentwicklung handelt es sich um Partizipationsformen wie etwa Bürgerinitiativen, Mediationsverfahren oder Runde Tische. Die Formen direkter Bürgerentscheidungen sollen das System der repräsentativen Demokratie ergänzen und sind damit auf regionaler Ebene per se Ausdruck endogener Mitbestimmung und Entwicklung.

- Des Weiteren ist strategische Kommunikation eine Methode um problemlösungsorientiertes Arbeiten zu ermöglichen. In Arbeitskreisen beispielsweise können, durch Moderatoren unterstützt, Diskussionen angeregt und gelenkt werden. Für die Lösung schwieriger inhaltlicher Probleme ist die Methode der Mediation geeignet.

- Um schnellen Informationsfluss zu gewährleisten und kreative Zusammenarbeit zu ermöglichen, ist außerdem Netzwerkmanagement notwendig. Unter Netzwerkmanagement im Sinne der eigenständigen Regionalentwicklung versteht man den Aufbau eines regionalen Netzwerkes, bestehend aus den regionalen Akteuren, zum Zwecke der strategischen und operativen Kooperation.
- Marketing bedeutet in diesem Zusammenhang, dass eine Region für sich wirbt. In der Regel soll dadurch das Fremdimage gestärkt werden, sei es als attraktiver Unternehmens- oder Wohnstandort. Aber auch die Förderung

des Eigenimages ist wichtig, da ein hoher Identifikationsgrad bei der Bevölkerung mit der Region die Bürger wiederum zur aktiven Mitwirkung motiviert.

Dem regionalen Management kommt eine Sonderstellung zu. Es ist in dem Sinne keine Methode der endogenen Regionalentwicklung, sondern kann als umsetzungsorientiertes Instrument verstanden werden. Mit Hilfe verschiedener Trägerschaften ist es für die Umsetzung der Maßnahmen zuständig. Träger des regionalen Managements können beispielsweise ehrenamtliche Akteure der Region, der Landrat oder Bürgermeister sein.

Des Weiteren existiert das Regionalmanagement als ein Instrument der bayerischen landespolitischen Raumordnung und Landesplanung, die derzeit vor allem Instrumenten, die auf regionaler Ebene einsetzbar sind, zunehmende Bedeutung beimisst. Um diesen Herausforderungen gerecht zu werden, hat der klassische Bereich der Regionalplanung neue Instrumente entwickelt, wozu das Teilraumgutachten, das Regionalmarketing und das Regionalmanagement zählen. Das Regionalmanagement stellt ein Konzept für die regionale Entwicklung dar, das verstärkt auf Gestaltungs-, Handlungs- und Projektorientierung setzt. Es baut auf den Entwicklungsfaktoren Humankapital, kreative Milieus, Vernetzung, Konsens und Kooperation auf und will damit sowohl auf konzeptioneller Ebene als auch auf umsetzungs- und projektorientierter Ebene die Entwicklung von Regionen gestalten. Im Sinne der eigenständigen Regionalentwicklung soll das Regionalmanagement die lokale bzw. regionale Ökonomie, unter Berücksichtigung nachhaltig-ökologischer Aspekte, unterstützen (Tröger-Weiß 1998).

3.4 Schwächen und Probleme endogener Regionalentwicklung

Eigenständige Regionalentwicklung resultiert aus der gescheiterten Regionalpolitik der 1960er und 70er Jahre, bei der strukturierte, hierarchische Planung betrieben wurde. Der Ansatz, die Planung „von unten" anstatt „von oben" zu betreiben, liefert jedoch nicht die Lösung aller Probleme, sondern verlagert diese lediglich zu den regionalen Akteuren. Oftmals werden äußert schwierige Problemstellungen an die Regionalpolitik delegiert, an deren Lösung bereits politisch übergeordnete Ebenen gescheitert sind. Es besteht die Gefahr die Verantwortlichen in den Regionen zu überfordern, da diese unter massiven Handlungsdruck gesetzt werden (Heintel 1996). „Galt es früher als Hauptaufgabe, den Anschluss an die Außenentwicklungen nicht

zu verlieren, so wird es heute immer mehr Aufgabe der Regionen, Teil eines giganti-
schen, arbeitsteiligen Systems globalen Krisenmanagements in ökologischer, wirtschaftlicher und sozialer Hinsicht zu werden" (Herrenknecht 1996, S. 10).

Vor allem der Wirksamkeit von Maßnahmen die regionale Wirtschaft zu fördern sind
Grenzen gesetzt. Globale und nationale Einflüsse restringieren die regionale Wirt-
schaftsförderung. Viele wirtschaftliche Veränderungen einer Region haben ihren Ur-
sprung in nationalen und globalen Prozessen. Der Kurs dieser Veränderungen kann
durch regionalpolitische Mittel bestenfalls leicht verändert oder abgemildert werden.
Beispielsweise sind Versuche dem globalen Tertiärisierungsprozess oder dem all-
gemeinen Konjunkturzyklus entgegenzuwirken wenig erfolgversprechend (Bade
1998).

3.5 Endogene und exogene Aspekte der endogenen Regionalentwicklung

Die Betrachtung exogener Aspekte bei der endogenen Regionalentwicklung stellt an
sich einen Widerspruch dar. Jedoch ist die Nutzung externer Ressourcen oftmals
unverzichtbar, weshalb externe Unterstützung häufig fester Bestandteil regionaler
Entwicklungsstrategien ist, die zumindest unter dem Deckmantel „endogenen Regionalentwicklung" durchgeführt werden, auch wenn das Attribut „endogen" dann nicht
mehr geeignet erscheint. Des Weiteren kann sich in der Regel keine Region groß-
räumigen externen Einflüssen entziehen.

Abbildung 5 gibt einen Überblick, welche internen und externen Aspekte bei der Umsetzung eigenständiger Regionalentwicklung von Bedeutung sind.

Abb. 4: Endogene und exogene Aspekte eigenständiger Regionalentwicklung

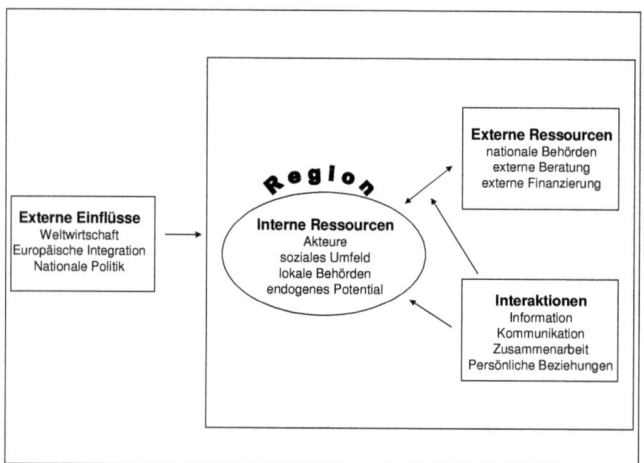

Quelle: Eigene Darstellung nach Mühlinghaus 2002, S. 130

Wichtige Kraft der regionsinternen Ressourcen sind die regionalen Akteure, die mit ihrer Handlungsbereitschaft die endogenen Entwicklungsstrategien umsetzten und welche optimalerweise über innovative Ideen, Erfahrung und regionsspezifisches Wissen verfügen. Des Weiteren ist die Akzeptanz der Projekte und Akteure in der Bevölkerung und sowie die funktionierende Zusammenarbeit zwischen regionalen Akteuren und regionalen Behörden wichtig für endogene Entwicklungsstrategien.

Die wichtigsten externen Ressourcen sind externe Beratung und vor allem Finanzierung ohne die eigenständige Regionalentwicklung in der Regel gar nicht möglich wäre. Ein Beispiel für externe Förderung ist Finanzierung durch LEADER (Liaisons Entre Actions de Développment de l´Economie Rurale), eine Gemeinschaftsinitiative der EU zur Stärkung der ländlichen Wirtschaft. Problematisch an der Förderung ist, dass es genaue Vorgaben gibt, welche Maßnahmen durch Gelder unterstützt werden. Das birgt die Gefahr, dass sich endogene Entwicklungsstrategien mehr an den Fördermöglichkeiten orientieren als am regionsspezifischen Bedarf. Trotzdem muss die Initiative aus der Region selber kommen (Einreichung von Projektvorschlägen).

Des Weiteren bedarf es Interaktionen und Beziehungsverflechtungen innerhalb der Region und nach außen hin, damit die internen und externen Ressourcen genutzt werden können. Ein reger Informationsaustausch und funktionierende Kommunikation sowie Zusammenarbeit in der Bevölkerung und zwischen Bevölkerung und Behörden sind die Voraussetzung für ein gemeinsames Problembewusstsein und kollektives Handeln.

Darüber hinaus kommen verschiedene externe Einflüsse hinzu, welche der endogenen Regionalentwicklung Grenzen setzen. Erstens sind das Einflüsse aus der Weltwirtschaft. Es wirken also globale wirtschaftliche Zwänge auf jede Region. Zweitens wird durch die europäische Integration ein politischer und rechtlicher Rahmen europaweit vorgegeben. Drittens beeinflusst die Bundes- und Landespolitik die regionale Entwicklung maßgeblich (Mühlinghaus 2002).

4. Eigenständigkeit der endogenen Regionalentwicklung

Zunächst soll der Begriff der „Eigenständigkeit" in Bezug auf Regionalentwicklung näher betrachtet werden. Das Adjektiv „eigenständig" kann mit „selbständig" oder „ohne fremde Hilfe" gleichgesetzt werden. Eigenständige regionale Standortentwicklung bedeutet demnach, dass die Standortentwicklung selbständig, ohne Hilfe von außen erfolgt. Demnach dürften weder finanzielle Mittel noch Beratung von externen Stellen den Entwicklungsprozess unterstützen um von eigenständiger Regionalentwicklung sprechen zu können. In der Praxis ist endogene Regionalentwicklung zwar in erster Linie ein regionaler Prozess, allerdings sind externe Ressourcen in Form von Beratung und vor allem Finanzierung meist unverzichtbar. Folglich braucht es in der Regel externe Ressourcen, um die endogenen Potentiale zu aktivieren. Kann trotz der Nutzung exogener Ressourcen noch von eigenständiger Regionalentwicklung gesprochen werden?

Genau genommen muss die Antwort „Nein" lauten. Damit von endogener Regionalentwicklung gesprochen werden kann, dürfen also nur interne Ressourcen von der Region genutzt werden.

Eine andere Argumentationsmöglichkeit wäre, dass die lokalen Akteure aktiv nach externen Ressourcen suchen müssen und die externen Ressourcen somit als Bestandteil des endogenen Prozesses betrachtet werden können (Mühlinghaus 2002).

Wirksamkeit endogener Regionalentwicklung bezogen auf Handlungsfelder
Um entscheiden zu können, wie selbständig endogene Regionalentwicklung sein kann, ist eine differenziertere Betrachtung notwendig. Relevant ist dabei in welchem

Bereich der Regionalentwicklung das endogene Potential eigenständig aktiviert werden soll. In Abbildung 6 wurde anhand von typischen Aufgabenbereichen der Regionalentwicklung eine Klassifizierung bezüglich der Wirksamkeit selbständiger Entwicklungsversuche vorgenommen. Es sei darauf hingewiesen, dass nur ein Teil der Aufgabenbereiche exemplarisch herausgegriffen und nicht das gesamte Aufgabenspektrum der Regionalentwicklung klassifiziert wurde.

Abb. 5: Wirksamkeit eigenständiger Entwicklungsversuche bezogen auf Aufgabenbereiche der Regionalentwicklung

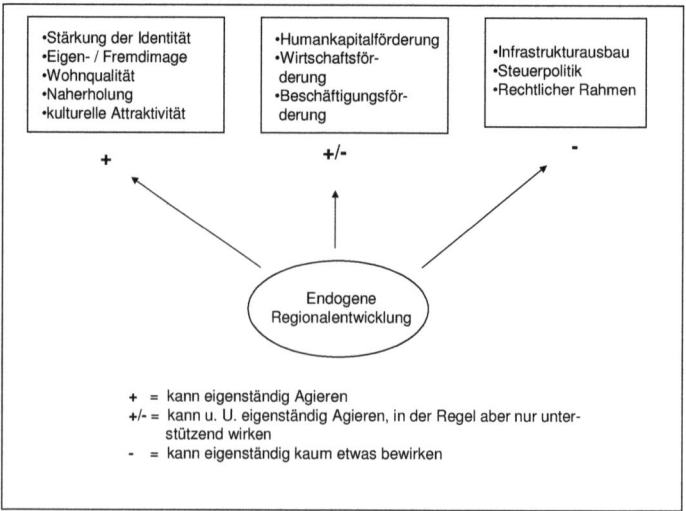

Quelle: Eigene Darstellung

Es gibt durchaus Bereiche in denen Regionen durch eigenständige Initiativen zur positiven Entwicklung beitragen können und eventuell vor allem in der Region entwickelte, sehr problemnahe Strategien zweckdienlich sind. Allerdings sind die Möglichkeiten endogener Regionalentwicklung auch oftmals zu begrenzt um selbständig agieren zu können, da es an politischer Entscheidungskompetenz, finanziellen Mitteln oder fachlichen Qualifikationen fehlt.

Insgesamt ist festzuhalten, dass bezüglich harter Standortfaktoren wie Beschäftigung und Infrastruktur die Möglichkeiten eigenständiger Regionalentwicklung beschränkt sind. Auch wenn die Forderung beispielsweise nach einem besseren Verkehrswegenetz aus der Region selbst kommt, ist hier der Eigenständigkeit Grenzen gesetzt, da dies die regionale Entscheidungskompetenz überschreitet. Bezüglich weicher Standortfaktoren wie Image, Wohnqualität oder Naherholung hingegen kann auch durch regionales Engagement viel erreicht werden. Somit kann von der eigenständigen Nutzung endogener Potentiale gesprochen werden.

Schlussfolgerung

Abschließend ist festzuhalten, dass bei der endogenen Regionalentwicklung in der Regel interne und externe Ressourcen kombiniert werden. Das heißt endogene Regionalentwicklung im Sinne einer völlig eigenständigen Entwicklung gibt es in der Regel nicht, da sie in den meisten Fällen chancenlos wäre. Allerdings schließt meines Erachtens die Idee endogene Potentiale zu aktivieren, die Annahme externer Unterstützung nicht grundsätzlich aus. Entscheidend ist, dass die Initiative von der Region selbst ausgeht und lokale Initiativen die treibende Kraft bei der Standortentwicklung sind.

Literaturverzeichnis:

Arndt O.; Sternberg R.: Sind intraregional vernetzte Unternehmen erfolgreicher? In: Buhl W.: Regionale Initiativen. GeoPoint-Verlag, Augsburg 2004

Grotz R.; Schätzl L. (Hrsg): Regionale Innovationsnetzwerke im internationalen Vergleich. Münster 2001

Bade F.-J.: Möglichkeiten und Grenzen der Regionalisierung der regionalen Strukturpolitik. In: Raumforschung und Raumordnung, Jg. 56, Carl Heymanns Verlag Kg, Bonn 1998

Bathelt H.; Glückler J.: Wirtschaftsgeographie. Verlag Eugen Ulmer, Stuttgart 2002

Haas H.-D.; Lindemann S.: Wissensintensive unternehmensorientierte Dienstleistungen als regionale Innovationssysteme. In: Zeitschrift für Wirtschaftsgeographie, Jg. 47 Heft 1, S. 1 – 14, Düsseldorf 2003

Heintel M.: Endogene Regionalentwicklung. In: Mitteilungen des Arbeitskreises für Regionalforschung, Sonderband 5, Wien 1994

Heintel M.: Die „überforderte Region". In: Pro Regio 18-19/1996

Herrenknecht A.: In die Menschen muss man investieren. In: Pro Regio 18-19/1996

Klemm U.: Die „Lernende Region". In: Pro Regio 26-27/2001

Krätke S.; Heeg S.; Stein R.: Regionen im Umbruch. Campus Verlag, Frankfurt/New York 1997

Lendi, M.: Leitbild der räumlichen Entwicklung. In: Akademie für Raumforschung und Landeplanung (Hrsg.): Handwörterbuch der Raumordnung. Hannover, 1995, S. 624-629

Mäding H.: Perspektiven für ein Europa der Regionen. http://www.difu.de, 24.09.1998

Mandelartz, H.; Michels, Y.; Schneider, B.: Kommunales Management in der Praxis. In: Bertelsmann Stiftung; Saarländisches Ministerium des Inneren (Hrsg.): Modern & Bürgernah - Saarländische Kommunen im Wettbewerb. Gütersloh, 1997

Mühlinghaus S.: Eigenständige Regionalentwicklung als Strategie für periphere ländliche Räume? In: Geographica Helvetica, Jg. 57, S. 127 – 134, Zürich 2002

Rösch A.: Kreative Milieus als Erklärungsansatz regionaler Entwicklung. In: Arbeitsmaterialen zur Raumordnung und Raumplanung, Heft 179, Bayreuth 1998

Schätzl L.: Wirtschaftsgeographie1. Ferdinand Schöningh, Paderborn 2003

Seibert O.; Bühler J.: Förderung der Beschäftigung in ländlichen Räumen durch Regionalmanagement. In: Runderlass der Bundesanstalt für Arbeit, Bonn 2001

Sternberg R.(Hrsg.): Endogene Regionalentwicklung durch Existenzgründungen?. Verlag der Akademie für Raumforschung und Landesplanung, Hannover 2003

Sternberg R.: New Economic Geography und Neue regionale Wachstumstheorie aus wirtschaftsgeographischer Sicht. In: Zeitschrift für Wirtschaftsgeographie, Jg. 45 Heft 3-4, S.159 – 180, Düsseldorf 2001

Tröger-Weiß G.: Regionalmanagement. Schriften zur Raumordnung und Landesplanung, Band 2, Lehrstuhl für Sozial- und Wirtschaftsgeographie der Universität Augsburg 1998